궁궐건축으로 살펴본 옛가옥

하 랑
도서출판

출판사 : 하랑출판
주   소 : 서울시 중구 퇴계로28길 8
전   화 : 02-2263-3337

이 책의 저작권은 하랑출판에 있습니다.

궁궐건축으로 살펴본 옛가옥

발행일 : 2025년 08월 15일
출판사 : 하랑출판
주   소 : 서울시 중구 퇴계로28길 8
전   화 : 02-2263-3337

목 차

정 원

부용정에서 본 어수문과 주합루
Eosumun Gate and Chuhapru Pavilion from the view of Puyongcheong

　주합루(宙合樓)는 정조 원년(1777)에 창건된 정면
5칸, 측면 4칸의 팔작지붕의 2층 누각으로서 부용정과
중도를 연결하는 언덕위에 세워져 있으며 남사면에는
직선의 화단이 있어 소나무, 단풍나무 등이 식재되어
있다. 주합루는 창덕궁 궁궐 정자중 가장 큰 것으로 남
쪽의 부용정과 중도, 어수문, 주합루가 남북 축상에 놓
여 있어 아름다움의 극치를 이루고 있다. 주합루는 언
덕 위에 자리하고 있어 전망이 좋으며 바로 부용정과
부용지가 한눈에 들어와 관람이 용이하며 여기서는 사
계절의 변화를 즐길 수가 있다. 부용지일대의 정원공
간은 직선위주이고 건축물의 공간배치는 기하학적임
이 특징적이다. 어수문은 주합루의 정문으로 사찰의
일주문처럼 사방으로 평방을 두르고 여기에 내,외 3출
목의 공포를 짜었었으며　우진각 지붕에 부연을 단 겹
처마이다. 좌우에 지붕을 곡면으로 한 작은 문이 있어
주합루의 외삼문처럼 꾸멋다.

부용정과 어수문
Puyongcheong Pavilion and Eosumun Gate

주합루 석조계단
The stone stair of Chuhapru Pavilion

주합루에서 본 어수문과 부용정
Eosumun Gate and Puyongcheong Pavilion from the view of Chuhapru Pavilion

후원 건물중 가장 먼저 지어진 영화당은 숙종 18년
(1692)에 개축된 것으로 주변의 꽃을 감상하거나 왕
이 주제하여 과거를 치부는 곳이기노 했다. 연못의 서
쪽에 있는 사정기비각은 숙종 때 세운 것으로 그때 이
름을 얻었다고 한다. 특히 사정기 비각은 세종조에 영
순군과 조산군이 주합루 근처에서 우물을 찾다가 이
름지은 것을 기념하여 옛 술정각 자리에 비를 세우고
건립한 것이다.

부용정(芙蓉停)
1707년
Puyongcheong Pavilion
Built in 1707 A.D.

　부용정은 처음에는 택수제(澤水齊)라 했는데 정조
때 와서 현재의 부용정이라 개명하였다. 부용정은 중
도가 있는 방지(35m×29m)의 남쪽 중앙에 세워진 것
으로 정면 3칸, 측면 5칸의 십자형 건물인데 단층의
다각기와 지붕을 하고 있으며 팔각형의 기둥 2개가 물
속에서 건물을 받치고 있는 것으로 유명하다. 건축적
인면에서 아(亞)자형으로 다각화된 평면의 남쪽에 맞
도록 지붕구조를 완성한 처마의 겹침과 이어짐이 하나
의 조형물과도 같다.

부용정(芙蓉停)과 부용지(芙蓉池) ▶
Puyongcheong Pavilion and Puyongchi Pond

　부용정이 있는 방지는 화강암의 장대석을 사용하여
직선형으로 축조한 것으로서 가운데에 직경 8m가량
의 둥근 섬이 있고 적송이 식재되어 있다. 부용정 지
원의 기능은 달맞이 놀이나 낚시, 주변경관의 감상에
있으나 달밤에 뱃놀이를 할 수있는 곳이기도 했다.

부용지와 부용정
Puyongchi Pond and Puyongcheong Pavilion

　부용정은 둥근모양의 당주를 만든 방지의 남쪽변에
자리잡고 있다. 정면 3칸, 측면 4칸의 아(亞)자형을 기
본으로 변형시킨＋자형 평면으로 연지에 팔모돌 기둥
2개를 세웠다.

영화당 내부 ◀
The interior of Yeonghwatang Hall

영화당의 내진공간은 온돌 1칸, 대청 2칸으로 구성
되고 주위3면을 개방시켰다. 필요할 때 대청의 문짝을
집어 들쇠에 매달면 주변의 경관이 한눈에 들어온다.

영화당에서 본 부용지 ▶
Puyongchi Pond from the view of Yeonghwatang Hall

불로문(不老門)
Pulromun Gate

    금마문 옆 담장 중간을 끊어 2개의 다듬은 초석을
놓고 한 장의 통돌을 요철모양으로 깎아 만들어 상부
에 문이름을 세겼다. 돌짜귀 구멍자리로 보아 원래는
문짝을 달았었던 것으로 보인다.

부용지(芙蓉池) 근경
The near view of Puyongchi Pond

부용지는 비원 입구에서 가장 가까운 거리에 있는
정원으로 중도가 있는 방지를 중심으로 연못의 남쪽에
부용정, 그 동쪽 축단위에 영화당(暎花堂), 서쪽에 사
정기비각(四井記碑閣), 북쪽 언덕 위에 주합루(宙合樓)
등으로 이루어진 일련의 근역을 형성하고 있다. 이 근
역은 부용지를 중심으로 이루어져 있는데 첫눈에 보아
아늑한 분위기를 느낄 수 있다.

옥류천 근역 전경
The near view of Okryucheon Brook

◀ 옥류천 후원

1603년완성

Okryucheon Brook rear garden in Changdeokkung Palace

Comlpeted in 1603 A.D

비원의 북쪽 가장 안쪽에 자리잡고 있는 계곡을 일명 옥류천이라 하는데 그 입구에 청의정, 소요정, 태극정, 취냉정, 농산정 등이 있는 소위 유락공간이다. 공간의 중심은 옥류천인데 산형(山形)의 바위바닥에 곡수거를 만들어 물이 원형으로 감돌다가 소규모 폭포를 이루며 떨어지도록 되어있다. 곡수거면 윗쪽 석벽하부에 옥류천이라고 음각한 인조의 어필이 있어 이곳을 옥류천이라 부르게 되었다. 이곳에 있는 소요정은 옥류천 폭포 앞에 있는 1칸의 삿갓지붕 정자로서 이곳 다리 밑으로 옥류천 물이 흐르고 있다. 옥류천 근역에는 5개의 정자와 청의정의 방지, 방도, 모정, 옥류천의 곡수거와 폭포 등으로 이루어져 있어 형태로 보면 다양하고 비기하학적인 성격이 강하여 주위의 자연환경에 대해 시각상 거부반응을 부여하지 않는 장점을 지니고 있다.

옥류천 근역 전경
The near view of Okryucheon Brook

옥류천의 바위와 물의 흐름을 보여주고 있는 것으로
바위를 음각하여 의도적으로 물의 흐름을 조정하고 있
는 모습을 볼 수 있다.

옥류천으로 이르는 물길
The flow of water to Okryucheon Brook

  산으로부터 흐른 물이 돌로 정리된 물길을 따라 흐
르다 판석교 아래에 이르며 둥글게 판 확에서 잠시 머
물게 된다.

옥류천 수로

The water road of Okryucheon Brook

북악산 동쪽 산줄기의 하나인 응봉(應峯)산록으로
부터 흐르는 어정을 파서 물이 흐른다. 판석으로 다리
를 놓아 청의정, 태극정과 어정을 연결하였다.

옥류천 소요정
1636년경
Soyocheong Pavilion in Okryucheon Brook
Built in 1636 A.D.

　왕의 유락공간으로 옥류천 근역에 위치하며 주변의
수려한 환경을 감상하기에 좋은 위치를 차지하고 있다.

옥류천 소요암 ◀
Soyoam Rock of Okryucheon Brook

옥류천 청의정 ▶
1636년 건립
Cheongyicheong Pavilion of Okryucheon Brook
Built in 1636 A.D

　청의정은 옥류천 북쪽에 있는 삿갓지붕형의 1칸 모
정으로서 규모는 9.7m×7.1m의 넓이를 하고 있으며
장방형의 중도(3.8m×3.6m)위에 축조되었다. 청의정
의 기능은 주로 휴식과 유락이며 가끔은 낚시도 하였다
고 전한다.

옥류천으로 가는길
The way to Okryucheon Brook

옥류천으로 이르는 오솔길가에 취한정이 있다. 정자 앞으로 시냇물이 흐르고 몇 채의 정자가 보인다.

취한정
Chwihancheong Pavilion

옥류천 입구에 세운 취한정은 임금이 옥류천 어정에 서 약수를 들고 돌아 나올때 쉴수있도록 한 정자이다. 2벌대의 장대석 기단위에 사각으로 다듬은 초석위에 네모기둥을 세워 납도리로 결구하였고 정면 3칸, 측면 1칸의 장방형 평면으로 팔작지붕, 홑처마이다.

애련정과 애련지
1692년 건립
Aeryeoncheong Pavilion and Aeryeonchi Pond
Built in 1692 A.D.

부용정과 영화당을 지나 북쪽으로 가면 금마문이 있
고 여기서 연경당 쪽으로 가면 오른편으로 큰 연못이
있는데 이 연못이 애련지(愛蓮池)이고 여기에 있는
정자가 애련정(愛蓮亭)이다. 애련지의 규모는 동서 약
31m, 남북 약 25.6m 이며 북쪽에 애연정이 있고 애
련지 서쪽 한 단 높은 곳으로 25m 정도를 가면 동서
약 13.5m, 남북 약 16.8m 규모의 방지가 있다. 기록
에 의하면 어수당이 연경당의 동남쪽에 있는 두 연못
사이에 있어 광해비 유씨가 피난하기도 했던 곳이라
하는데 현재는 존재하지 않는다. 이 애련정과 애련지
근역이 비원의 대표적인 조경공간이기도 한데 연경당
을 포함하면 그 규모는 실로 크다고 할 수 있다. 규모는
정면 1칸, 측면 1칸의 사모정으로 남쪽의 2개의 기둥
은 석주로하여 연못에 세웠다. 이익공 양식이며 부연
을 둔 겹처마로 사모지붕 중앙에는 절병통으로 치장하
였다.

▶ 어정과 청의정
Eocheong Pavilion and Cheongyocheong Pavilion

정방의 화강석으로 우물돌을 하고 큼직하게 개석을
만들어 덮고 그 주위에 박석을 깔았다. 넘쳐흐른 물이
그 아래 둥글게 판 수조로 흘러 머물다가 옥류천으로
흐른다.

◀ 청의성과 태극성
Cheongyicheong Pavilion and Taekeukcheong Pavilion

물길을 사이에 두고 마주하는 두 정자는 같은 단칸
사모정이나 '초가'와 '기와', '못을 파고', '기단을 쌓
고' 등 여러 가지 면에서 대조를 이룬다.

태극정
Taekeukcheong Pavilion

이중 서까래로 추녀를 길게 뽑은 겹처마에 우물천장
이다. 기둥의 문설주의 들쇠로 보아 원래 분합문이 가
설되어 있었으며 사방으로 창호를 들어 열어 개방되
도록 하였던 것으로 보인다.

청의정에서 본 태극정
1636년 건립
Taekeukcheong Pavilion from the view of Cheongyicheong Pavilion
Built in 1636 A.D.

　3벌대의 장대석 기단위에 안쪽으로 외벌대의 기단
을 만들고 다듬은 초석위에 둥근기둥을 세워 굴도리로
결구한 정면 1칸, 측면 1칸의 사모정자이다. 지붕의
중앙은 절병통으로 마무리하였으며 아(亞)자 살로 구
창부를 꾸민 평난간을 툇마루 주위에 둘렀다.

관람정
20세기초 건립추정
Kwanramcheong Pavilion

육모지붕의 전형적인 모습을 하고있는 관람정은 창
덕궁 비원의 반도지에 위치하고 있으며 기둥초석중 두
개가 연못에 드리워져있어 그 풍경이 과히 뛰어나다
할 수 있다. 건립연대로는 비교적 최근의 것에 속하며
형식성과 조화미에서 정원건축의 정수로 손꼽힌다.

◀취한정에서 본 소요정
Soyocheong Pavilion from the view of Chwihancheong Pavilion

반도지와 관람정 전경
Pantochi Pond and Kwanramcheong Pavilion

　반도지는 한반도 모양과 같다고 하여 붙여진 이름이
다. 원래는 크고 작은 원형 3개가 한곳에 모인 호리병
모양이던 것을 일본인들이 고친 것이라 한다. 한반도
와 반대로 남북이 거꾸로 뒤집힌 형상을 하고있어 마
음을 불편케 한다.

관람정 전경 ◀
The view of Kwanramcheong Pavilion

　관람정은 우리나라에서 유일한 부채꼴 모양의 정자
로 평면의 호(弧)를 이루는 부분이 반도지 안에 놓인 주
초석위에 있어 물위에 떠있는 듯 하다. 6개의 둥근 기
둥을 세우고 기둥사이에 낙양각을 달았다. 홑처마이고
우진각 지붕모양이며 용마루의 양끝을 용두로 치장하
였다. 정자의 바닥은 널을 길게 깐 장마루를 깔았고 아
름다운 평난간을 둘러 기둥과 창방의 낙양각과 함께 조
화를 이룬다.

관람정 측면 ▶
The side view of Kwanramcheong Pavilion

존덕정 앞 석교
The stone bridge at the front of Chondeokcheong Pavilion

존덕정 앞 석교
The stone bridge at the front of Chondeokcheong Pavilion

존덕정과 연지
1644년 건립
Chondeokcheong Pavilion and Lotus Pond
Built in 1644 A.D.

관람정을 지나 홍예교를 건너면 6각형 평면의 각 모서리에 둥근기둥을 세워 주두와 첨차로 공포를 짠 주심포식 정자이다. 건물의 절반정도가 연못으로 내밀어 석주로 받치게 하였다. 이중난간을 설치하여 내진공간을 구분하고 안정감을 갖도록 꾀하였다. 언뜻 보기에 중층건물로 보이나 처마에 잇대어 지붕을 하나 더 만들어 아래는 개방된 퇴칸이 되고 지붕은 이중지붕이 되었다. 지붕의 중앙에는 절병통으로 마무리하였으며 오른쪽에 보이는 건물은 평우사이다.

경복궁

경복궁, 근정전
1867년 중건, 국보223호
Keuncheongcheon Hall in Keongpokkung Palace
Rebuilt in 1867 A.D. National Treasure No.223

  북악을 배산으로 둔 경복궁의 정전이다. 돌난간을
두른 상·하의 이중월대위에 정면 5칸, 측면 5칸의 중
충 팔각지붕 건물로 겹처마이고 마루는 양성하였다.

남서측에서 본 근정전
Keuncheongcheon Hall from the view of southeast

상하월대의 4면에 석계를 설치함에 따라 돌난간에 이어지는 문로주(門路柱)의 설비가 채택되었다. 이 기둥 상부와 돌 난간대의 법수머리에 여러 서수의 형용이 한 쌍씩 조각되어 있다.

근정전의 처마와 공포 ◀
The eaves and column top ornamentations of Keuncheongcheon Hall

하늘을 향해 길게 뻗은 추녀와 사래를 복잡하게 짜인 귀포가 그 아래의 기둥과 연계시켜주고 있다. 추녀 사래로 부터 질서정연한 서까래와 이 부연이 안허리 곡(曲)을 만들고 있는데 상하층이 대략 비슷하다.

근정전의 기둥과 창호 ▶
The column and doors of Keuncheongcheon Hall

기둥은 원형의 주좌가 있는 초석위에 원주를 세웠다. 아래층은 벽이 없이 전체가 문과창으로 개방되어 있다. 분합문의 창살은 꽃살창으로 화려하고 장중한 느낌을 준다. 문짝위 인방과 창방 사이에는 빗살의 교창이 있다.

경복궁 근정전의 공포와 창호
The columns top ornamentations and doors of Keuncheongcheon Hall

　외 2출목,내 3출목의 평방이 있는 다포계이다. 초,
이제공은 앙설, 한대는 수설, 살미는 운두처럼 되어있
는 말기적 양식이다. 창호는 인방위로는 교창이 설치
되어 실내를 밝게 한다.

근로주위의 석물 ◀
The stone figure on the post

난간대의 문로주위의 서수들의 상은 12지·4신 등
조합에 따라 조각된 것도 있고 이름을 알 수 없는 석
도 있다. 이석물은 기린이라고 한다.

근정전 정면의 돌계단
The Stairs of Keuncheongcheon Hall

　3구획된 계단은 표정이 풍부한 해태가 소맷돌로 조각
되었고 중앙의 답도엔 봉황이 어우러져 있다.

문로주 석물
The stone figure on post

남측월대에 있는 이 석물은 호랑이라고 한다.

문로주위의 해태 ▶
Haetae on the post

해태는 앉음새와 웃는 모습이 천진난만한 아이같다.
혹자는 이를 사자라고 한다.

하월대 문로주 밑 서수각
Stone figure

상하층이 모두 외 3출목, 내 4출목으로 화려하게 짜
여져 조선말기의 양식을 나타낸다.

50

근정전 석간난
The stone railing of Keuncheongcheon Hall

조밀하게 배치된 하엽동자가 8각의 돌란대를 받치
도록 구성되었다. 월대의 전면 양쪽모서리를 45도로
돌출시킨 연화석위에는 해태 두마리가 옆구리를 맞대
고 웅크리고 있다. 아기해태가 안긴 쪽이 암놈이다.

근정전의 행각
The corridors of Keuncheongcheon Hall

근정전의 남행각 동서행각은 2칸통의 복랑으로 원형
주초위에 둥근기둥을 세웠다.

남측행각 서측에서 본 근정전과 행각
Keuncheongcheon Hall and corridors from the view of south corridors

근정전은 근정문이 있는 남행각, 동·서의 행각, 북으로는 사정전의 남행각등 사방이 행각으로 둘러싸여 있다. 행각은 바깥쪽은 흙벽으로 막혔고 안쪽으로는 벽없이 개방되어 있다. 근정전 일곽이 평평한 대지로 보이나 동행각이 중간에 2번 단절된 것에서 알 수 있듯이 층을 이루고 있다.

근정문과 행각 ▶
1867년 중건, 보물 812호
Keuncheongmun Gate and corridors
Rebuilt in 1867 A.D. Treasure No.812

근정전 남쪽의 정문으로 2칸통 3칸의 2층집이다. 근정문 좌우로는 2칸통의 복랑(複廊)인 행각이 있고 문과 행각이 이어지는 부분의 첫 번째 칸에는 행사가 없는 평상시의 출입문인 작은 편문이 있는데 동쪽이 일화문이고 서쪽이 월화문이다. 처마는 부연이 있는 겹처마이며 공포는 외 3출목, 내 3출목의 다포계의 양식이다. 지붕은 우진각이며 양성하였고 용마루에 취두, 추녀마루에 용두와 잡상을 배열하고 사래끝에는 토수를 끼웠다. 2층 처마밑으로 해체작업중인 전 총독부 건물이 보인다.

사정전의 처마와 창호
The eaves and fittings of Sacheongcheon Hall

처마구성도 공포의 구성처럼 지나친 강조를 두어 추
녀와 사래가 많이 솟아 있어 처마곡선이 강하게 잡혔다.
4면의 기둥사이에는 분합문이 달렸는데 기둥간격이 똑
같이 4분합문을 달아 기둥간격에 따라 문짝 폭이 달라
지는 재미있는 구성이 되었다. 인방위로는 교창을 설치
하여 실내가 밝고 명랑하다.

사정전

Sacheongcheon Hall in Kyeongpokkung Palace

Rebuilt in 1876 A.D.

편전인 사정전은 '깊이 생각하여 깨달은 바에 따라
정치한다' 는 뜻에서 이름지었다. 높이 15척의 원주를
사용한 단층건물로 외 2출목 내 3출목의 다포계 양식
이다.

경복궁 사정문
Sacheongmun Gate

사정문은 사정전 남측의 행각 중앙에 3문으로 열린
초익공 집이다. 열린 문사이로 사정전의 돌계단 3구가
보인다. 또한 사정문의 용마루엔 용두가, 사정전에는 취
두가 놓인 것이 비교된다.

경복궁 경회루 ▶
1867년 중건, 국보 224호
Kyeonghoeru Pavilion in Kyeongpokkung Palace
Rebuilt in 1867 A.D. National No.224

경회루는 현존하는 누 건축에서 가장 뛰어난 걸작이
다. 정면 7칸 측면 5칸의 팔작지붕으로 현존하는 목조
건물중에 단일건물로는 가장 큰 규모의 집이다.

▼ 경회루 처마와 공포

The eaves and the top ornamentations of Kyeonghoeru Pavilion

처마는 겹처마로 깊어서 지붕이 지나치게 커졌다. 그
에 비해 공포는 익공계 양식으로 간결하나 기둥과 창방
은 낙양각으로 장식하여 화려하다.

◀ 경회루의 외석주

The outraws of stone columns of Kyeonghoeru Pavilion

이들기둥은 적당히 민흘림하여 안정감을 주었다. 창
건시에는 꿈틀거리는 용을 조각한 용주(龍柱)로서 '경
회루 돌기둥에 새긴 용의 그림자가 푸른물결, 붉은 연
꽃사이에 거꾸러지는' 장관(壯觀)을 연출했다고 한다.
중건시 경비문제로 조각이 생략되었고 이제는 연꽃마
저 걷혀버렸으니 그 장관은 볼 길이 없다.

섬위의 누, 물속의 누 경회루

Kyeonghoeru Pavilion

경회루는 하늘을 옮겨 놓은 둥근 못(현재는 방지)에
네모진 터를 만들어 집을 세운것으로, 하늘과 땅 즉, 자
연의 순리에 따라 선정을 베풀고자한 뜻이 담겨 있다.

경회루의 석주와 1층 바닥
The raws of stone columns and 1st floor of Kyeonghoeru Pavilion

누아래의 돌기둥은 48개로 외주는 방주로 평주를 받
고 내주는 원주로 고주를 받는다. 1층 바닥은 방전을 깔
아 포장하고 상부는 우물천장으로 하여 단청을 하였다.

경회루 석난간
The stone railing of Kyeonghoeru Pavilion

난간은 석단 위에 하엽동자를 세우고 8각의 돌란대를
걸고 법수를 세웠다.

경회루 석교
The stone bridge of Kyeonghoeru Pavilion

경회루의 석단과 석교변에는 하엽동자를 받쳐 8각의
돌란대를 얹고 법수를 세웠다. 석교는 동귀틀에 청판돌
을 건 완벽한 돌다리이다.

경복궁 향원정
Hyangweoncheong Pavilion in Kyeongpokkung Palace

　향원정은 향원지안의 원형의 섬위에 세워진 2층정자
이다. 정남향의 6모정으로 6각기둥을 사용하였으며, 겹
처마이고 육모지붕의 정상에는 절병통을 얹었다. 남쪽
의 호반에서 섬을 향해 목교가 가설되어 있다.

경복궁 경성전
Kyeongseongcheon Hall

왕의 침전인 강녕전의 일곽으로 동쪽의 연생전과 대
치하고 있는 서측 건물이다. 정면7칸 ,측면4칸 규모로
이익공, 팔작지붕이며 양성하였고 용마루에는 취두로
장식하였다.

경복궁 경성전
Kyeongseongcheon Hall

　사정전 뒤 강녕전 일곽에 있는 건물로 연생전과 마주하고 있는 전각이다. 전면 7간, 측면 4간의 규모이며 전면 양단이 협간으로 구성되어 있는 것이 특징이다.

경복궁 만춘전
Manchuncheon Hall

　사정전 일곽으로 서측의 천추전과 대치되는 위치, 즉
사정전의 동측에 있다. 정면 6칸, 측면 3칸 규모로 중앙
2칸은 대청이고 좌·우 협칸은 온돌방이다. 6.25때 화
재로 소실된 것을 1988년에 복원하였다.

자경전
보물 819호, 1888년 건립
Chakyeongcheon Hall in Kyeongpokkung Palace
Treasure No. 819. Built in 1888 A.D.

경복궁의 남아 있는 유일한 침전건물로 흥선대원군
이 경복궁 재건시 조대비를 위해 지은 것으로 교태전 동
쪽에 위치한다. 서북쪽의 침방인 욱실형의 복안당과 낮
시간을 위한 중앙의 자경전, 여름을 위한 동남의 다락집
인 청연루, 그 옆 12칸 협경당으로 구성되어 있다.

만세문에서 본 자경전
Chakyeongcheon Hall from the view of Mansemun Gate

자경전 굴뚝

보물 810호, 1888년건립

Chimneys in wall decorated with design of ten symbols of longevity of Chakyeongceon Hall

Treasure No. 810. Built in 1888 A.D.

  자경전 후원의 십장생 굴뚝은 간담의 일부 굴뚝으로 만든 것으로 지붕의 정상에 연가(煙家)가 줄지어 있으며 연기가 원활히 빠져나가도록 구조하였다. 전면에 십장생의 무늬가 중앙에 어우러져 배치되고 그 상하로 해태, 운학, 쇠를 씹어 먹고 불을 삼킨다는 불가사리등의 길상및 벽사문으로 장식하였다.

자경전 현판 및 상세
Details of Chakyeongcheon Hall

자경전의 청연루
Cheongyeonru Pavilion Chakyeongcheon Hall

　청연루는 단칸으로 2칸통 앞으로 돌출되어 있다. 팔
작기와 지붕이고 방형의 높은 석주가 다락을 지탱하고
있다.

아미산 굴뚝
보물 811호
Chimneys of Amisan terraced garden
Treasure No.811

아미산에는, 매화, 모란, 앵두, 철쭉등의 꽃나무, 소나
무, 팽나무, 느티나무등과 함께 석분, 일영대 석연지, 세
심대등과 6각의 아름다운 전축 굴뚝이 함께 어우러져
있어 4계절의 변화에 따라 꽃피고 녹음우거지고 단풍지
고 낙엽지도록 구성되어있다. 아미산에 있는 굴뚝은 4
기로 십장생 무늬로 각면을 장식하였다.

양의문에서 본 경복궁 교태전
Kyothaecheon Hall from the view of Yangyimun Gate

왕비의 침전으로 강녕전 일곽에서 양의문을 들어서
면 정면 9칸, 측면 7칸 규모의 교태전과 좌우로 익랑
이 연결된다. 아미산을 볼 수 있도록 동쪽 후면에 마루
와 방으로 구성된 건순각을 배치하였다. 현재의 건물
은 1995년에 복원한 것이다.

경복궁 천추전
Cheonchucheon Hall

　사정전의 서측에 있는 일곽으로 동측의 만춘전과 규
모와 형태가 같다. 24칸 규모의 무익공에 방주를 쓴 소
박한 단층 건물로 전면 중 2칸은 전퇴를 개방하고 방이
있는 좌우칸의 앞면에는 분합문을 달았다.

경복궁 천추전 측면
The side view of Cheonchucheon Hall
1865 재건
Rebuilt in 1865 A.D.

2벌대의 장대석 기단위에 세워진 건물로 겹처마, 팔
작지붕이며 용마루에는 용두를 설치하였다고 하고 과
학기구를 설치하였던 흠경각과 보루각이 서북측에 가
까이 있다.

경복궁 흠경각
Heumkyeongkak Hall

  강녕전 서북쪽에 위치한 정면6칸 측면 4칸 규모로 장
영실이 시각과 방위 계절을 살필 수 있도록 과학기구를
설치하였던 곳이다.

膺五門
康寧殿

강녕전
1867년 중건, 1995년 복원
Kangnyeongcheon Hall
Rebuilt in 1867 A.D.

강녕전은 정면 11칸, 측면 5칸 규모로 초익공의 팔작
지붕이다. 왕의 침전이므로 용마루가 없다. 전면에 퇴가
개방된 중앙어칸은 마루로 좌우는 온돌방으로 꾸몄다.
강녕전 일곽은 1920년 창덕궁의 복원을 위해 헐려 없어
진 것을 1995년에 복원하였다. 강녕전 전면과 후면으로
좌우에 같은 규모와 형태의 2개의 전(殿)과 2개의 당
(堂)으로 구성되었다

◀ **향오문과 강녕전**
Hyangomun Gate and Kangnyeongcheon Hall

　편전인 사정전에서 정문인 향오문을 들어서면 강녕
전이다. 정전인 근정전, 편전인 사정전의 안쪽에 위치하
는 왕의 침전으로 여기서 부터 내전이 시작된다. 정면
어칸앞으로 월대를 설치하였다.

창덕궁

　경복궁에 동쪽에 이궁(離宮)으로서 창건된 창덕궁
은 경복궁에서의 상대적 위치로 '동궐' 이라 불리웠으
며, 역대 임금들이 상어(常御) 하였으므로 정궐인 경
복궁보다 시설이 더 잘 되어 있다.

창덕궁 돈화문
1608년 중건, 보물 383호
Tonhwamun Gate in Changteokkung Palace
Rebuilt in 1608 A.D. Treasure No. 383

창덕궁의 정문으로 정면 5칸, 측면 2칸의 중층 우진
각 지붕의 다포양식이다. 궁궐의 대문중 정면이 5칸인
유일한 예로서 외관을 크고 장중하게 보이도록 의도한
것으로 황제가 아닌 군주는 대문을 3칸으로 해야 하
는중국과의 관계를 고려하여 양 퇴칸을 벽을 쳐서 막
았다.

창덕궁 인정문과 행각
1804년 중건, 보물 813호
Incheongcheon Gate and corridors in Changteokkung Palace

Rebuilt in1804A.D. Treasure No. 813

정면 3칸, 측면 2칸의 다포구조 팔작지붕으로 지붕마
루는 양성하였다. 추녀마루에 잡상 5구와 용두, 용마루
에는 취두, 사래끝에는 토수가 설치되었다. 현판은 선조
때의 명필 북악 이해룡의 글씨이다.

창덕궁 인정전 근경

1804년 중건, 국보 225호

A near view of Incheongcheon Hall in Changteokkung Palace

Rebuilt in 1804 A.D. National Treasure No. 225

난간이 없는 상하 이중월대위 외벌대 기단위에 세워
진 정면 5칸, 측면 4칸의 중층 팔작이붕인 다포구조 건
물로 통층구조로 되어있다. 윗층에는 문이 없이 교살창
을 사면에 설치하였으며 아래층 창호는 상부에 고창을
두고 전후의 중앙칸은 사분합문, 나머지는 삼분합창으
로 사면에 설치되었다.

인정전과 행각
Incheongcheon Hall and corridors

인정전은 창덕궁 외전의 중심이 되는 정전으로 신하들의 하례식, 외국사신의 접
견등 국가의 공식적 행사가 이루어진 건물이다. 방곽을 이룬 행정각으로 둘러싸여
있고 남행각 중앙에 인정문이 있다.

인정문에서 본 인정전
Incheongcheon Hall from the view of Incheongmun Gate

　　최근 복원공사를 하면서 인정전에 연결된 서측행각
을 해체하였고 통로부분에만 박석을 깔고 품계석은 잔
듸밭위에 있던 것으로 광장은 전면에 박석을 깔아 원래
의 모습을 되찾았다.

인정전의 처마와 현판
The eaves and a tablet of Incheongcheon Hall

공포는 상하층 모두 외 3출목 내 4출목의 다포계이고
처마는 겹처마로 굵은 서까래와 부연이 촘촘히 뻗혀있
다. 현판의 글씨는 죽석 서영보의 솜씨다.

인정전 앞뜰의 품계석
Rankstone in inner courts of Incheongcheon

정조 6년(1782)에 이전에 없었던 품계석을 설치하였
는데 이후 다른 궁에도 설치하게 되었다.

창덕궁 인정전 처마마루의 잡상
Vavious figures on the ridge of Incheongcheon Hall

인정전의 귀공포
The column top ornamentations of Incheongcheon Hall

하월대 중앙의 돌계단
The stone stairs of Incheongcheon Hall

3도의 어도(御道)가 열려 있고 2마리서수가 엎드린 형상을 한 소맷돌을 설치하고 중앙의 답도에는 봉황이 어울리는 무늬를, 디딤돌의 전면에는 당초 무늬를 새겼다.

선정전에서 인정전으로 연결되는 월랑
The corridors between Incheongcheon Hall and Seoncheongcheon Hall

선정전 후면의 출입구에서 월랑을 통해 인정전에 이른다. 이는 일제 시대에 개조된 것이다.

선정문
Seoncheongmun Gate

  선정전의 정문이며 3간 구조의 전형적인 궁궐문 구
조이다.

남행각에서 본 선정전
1647년 재건, 보물 814호
Seoncheongcheon Hall from the view of south corridors
Rebuilt in 1647A.D. Treasure No. 814

편전으로서 인정전의 동쪽에 정전보다 뒤로 물러나
앉아 있다. 정면 3칸, 측면 3칸의 단층건물로 지붕은
팔작이며 지붕마루에는 양성을 하지 않았으나 용마루
끝에 취두를 내림마루 끝에 용두를 얹었다. 최근 복원
공사를 하면서 서측으로 연결된 익랑을 해체 하였다.

선정전의 처마와 창호
The eaves and fittings of Seoncheongcheon Hall

겹처마이고 건물의 4면은 간결한 세살분합문을 달았다.

선정전의 공포와 단청
The column top ornamentations and painting of Seoncheongcheon Hall

외 2출목 내 3출목의 다포계로 전면 3칸의 주간마다
2조씩의 공포가 배치되어 있다. 귀공포는 재미있게 구성
되어 있으나 쇠서등이 나약하게 처리되어 장중한 맛은
없다. 연두문(椽頭文)과 연단문(椽端文)의 단청이 매우
아름답다.

희정당과 내정
Hyicheongtang Hall and the inner courts

　내전에 속한 건물로 순조때부터 정사를 보는 편전으로 이용되었다. 5단의 장대석 기단위에 정면 11칸 측면 5칸 건물로 사면의 퇴칸을 통로로 만들었다. 건물의 앞뒤로 중앙에 계단을 두었다.

희정당 내정의 굴뚝
The chimney of inner courts in Hyicheongtang Hall

길상문, 십장생문을 새긴 전돌로 장식하고 지붕에 기
와를 잇고 연가를 올렸다. 굴뚝 뒤로 용마루 끝을 꽉문
취두의 표정이 생생하다.

현재의 희정당은 경복궁의 강녕전을 해체 하여 재건
한 것으로 겹처마에 팔작지붕으로 양성을 한 마루위에
취두·용두·잡상을 얹고 사래끝에 토수를 게워 장식하
였다. 합각부 전체를 전돌로 완자 문양을 넣어 쌓고 중
앙에 길상문을 새겨 치장하였다.

◀ 희정당 내정의 굴뚝세부
The details of chimney on the inner courts in Hyicheongtang Hall

흰색의 화장술눈의 바탕위에 붉은색 전돌로 글자의
획을 이루도록 한 길상문, 십장생문양의 부조도판이 단
조로운 전축굴뚝을 장식하고 있다.

대조전에서 선평문을 통해 본 희정당 후면
The back side of Hyicheongtang Hall

희정당의 외벽은 앞뒷면의 중앙 3칸의 아자(亞字) 분
합문과 인방위에 교창을 두었고 그외는 머름인방위에
아자분합창과 교창을 두었다. 머름높이와 궁판높이를
맞추었다.

대조전
1920년 중건, 보물 816호
Taechocheon Hall in Changteokkung Palace
Rebuilt in1920 A.D. Treasure No. 816

왕비의 침소인 중궁전으로 용마루가 없는 집이다. 정
면 9칸, 측면 4칸의 단층 겹처마의 팔작기와지붕이고 2
익공계 공포양식의 건물이다. 화재로 전소되어 부속건
물의 전후면에 쪽마루를 설치하고 낮고 구성이 아름다
운 난간을 둘렀다.

후면에서 본 대조전과 그 일곽
The back side of Taechocheon Hall and the quarter

3급으로 쌓은 화계(花階)에는 십장생문양으로 장식
한 장방형의 전축굴뚝이 있고 화계위로 아름다운 무늬
를 베푼 궁담이 축조되어 있다.

주합루
1777년 건립
Chuhapru Pavilion
Built in1777A.D.

　부용정 북쪽 맞은편 높은 언덕위에 우뚝 서 있는 주
합루는 장대석 바른층 쌓기를 한 높은 기단위에 다듬
은 초석을 놓고 외진주는 네모기둥을, 내진주는 둥근
기둥을 세운 정면 5칸, 측면 4칸의 2층 다락집이다. 이
익공 양식 부연을 둔 겹처마이고 팔작기와 지붕을 덮
었는데 용마루는 양성을 하였고 용마루 끝에는 취두를
얹고 추녀 마루에는 잡상을 설치하였다.

주합루 후면의 퇴칸 ▶
The corridor of Chuhapru Pavilion

　장방형 평면의 안쪽 둥근기둥을 따라 띠살창호를 달
아 정면 3칸, 측면 2칸의 큰 공간을 만들어 중앙은 우
물 마루방으로 하고 양쪽은 온돌방으로 꾸몄다. 그 둘
레는 우물마루를 깔아 회랑과 같이 개방하였고 후면
툇칸 양쪽 끝칸에서 2층으로 올라가도록 되어 있다.

주합루의 난간
The railing of Chuhapru Pavilion

주합루는 1,2층 모두 기둥 밖으로 닭다리 모양의 난
간인 계자각(鷄子脚)을 세우고 그 위에 난간 두겁대를
얹은 계자난간을 둘렀다.

애련정
창덕궁 비원 1692년 건립
Aeryeoncheong Pavilion
Built in 1692 A.D.

애련정은 불로문을 지나 연경당 가는 길에 있고 넓고
네모 난 방지의 북쪽에 자리잡고 있다. 정면 1칸, 측면
1칸의 사모정으로 남쪽의 2개기둥은 석주로 하여 연못
에 세웠다. 이익공 양식이며 부연을 둔 겹처마로 사모지
붕 중앙에는 절병통으로 치장하였다.

연경당
Yeonkyeongtang House

　연경당은 어수당이나 애련정보다 20년 후인 순조 28년에 민가를 모방하여 세운 99칸의 사대부 건물로서 단청을 하지 않은 것이 특징이다. 주요 건축물로는 행랑채와 사랑채 그리고 안채가 있고 그 입구인 장양문(長陽門)과 수인문(脩仁門)이 있으며 서고인 선향제(善香齊)와 뒤뜰에 농수정(濃繡亭)이 있다. 후원에는 ㄴ자형의 계단식 화계가 돌로 옹벽처리되어 있는데 단상 가장자리에는 석난간이 있어 조경미를 더해주고 있다.

연경당 안채
Women′s Area of Yeonkyeongtang House

연경당 사랑채
Men's Area of Yeonkyeongtang House

연경당 내부
Inside of Yeonkyeongtang House

연경당 계단식 후원
Terraced flower bed in the rear garden of
Yeonkyeongtang House

계단식 후원은 낙선재와 유사한 양식이나 일직선상
이 아닌 ㄴ자형을 하고 있어 그것이 차이점을 이룬다.

덕수궁

덕수궁 중화문
보물 819호
광무 6년(1902)준공, 광무 9년(1905)중건
Chunghwamun Gate in Teoksukung Palace
Rebuilt in 1905 A.D. Treasure No.819

　정면 3칸, 측면 2칸의 규모에 외2출목, 내3출목의
다포식 공포의 팔작지붕을 한 평삼문으로 중화전의 중
문이다.

중화전
1906년 중건, 보물 819호
Chunghwacheon Hall in Teoksukung Palace
Rebuilt in 1906A.D.Treasure No.819

중화전은 조하(朝賀)를 받는 정전으로서 원래 중층
으로 영건되어 위용을 갖추었던 것이 재건시 단층으로
축소되었다. 그러나 면적, 간살이 너비등의 크기는 전
과 같다. 내정이 품계석, 기단에 용향로 등이 설치되었
다. 팔작지붕에는 양성을 하였고 취두, 운각, 북수(北
首) 용두, 잡상을 놓아 전각의 위엄을 더했다.

중화문과 중화전
Chunghwamun Gate in Teoksukung Palace
Rebuilt in 1905A.D. Treasure No.819

중화문은 5급의 돌계단 위에 원기둥을 원초(圓礎)위
에 세웠다. 거대한 판문은 고주 3칸에 달고 전·후열을
원주만 섰고 주간은 개방되었다. 중화전은 덕수궁의 정
전으로 이중 월대 위에 외벌대로 첨계석을 만들고 원초
위에 원주를 세운 정면 5칸, 측면 4칸의 팔작지붕을 한
전각이다.

중화문에서 본 중화전
Chunghwacheon Hall from the view of Chunghwamun Gate

    중화문을 들어서면 어로(御路) 3도(三道)가 중화전
에 이어지고 좌우에 품계석이 정열되어 있다. 내정바닥
은 원래 백토를 깐 마당이었는데 1984년에 화강석의 박
석을 깔았다.

중화문에서 본 중화전

중화전 상월대의 계단
The Stairs of Chunghwacheon Hall

중화전 어칸에 맞춰 중앙에 위치하고 있으며 소맷돌로 조각한 해태는 조선말기의 조각술을 보여주는데 양감이 부족한 몸체에 비해 표정은 풍부하다. 다른 궁의 봉황무늬와 달리 중앙의 답도는 고종이 황제로서 궁궐을 조성하였기 때문에 가능하였다.

◀ 중화전
보물 819호
Chunghwacheon Hall in Teoksukung Palace
Rebuilt in 1906A.D.Treasure No.819

겹처마이며 처마아래와 공포부분에는 부시라고 하는 망을 씌워서 새들이 날아들지 못하게 하였다. 창호는 창방아래 광창을 두었고 정면 5칸 중 어칸은 4분합, 좌우첨칸은 3분합으로 궁판이 있는 분합문을 달고 좌우퇴칸은 머름을 두고 3분합창을 달았다. 머름높이를 궁판높이와 같게 하여 창살이 있는 문짝의 높이를 맞추었다.

중화전 내부
The interior of Chunghwacheon Hall

중화전은 원초위에 둥근기둥을 세운 통칸구조로 인
방위에는 빗살문의 교창을 분합문과 분합창을 꽃살문을
사용해 화려하고 장중하여 실내는 밝다.

중화전의 천장과 당가
The ceiling and Throne in Chunghwacheon Hall

천장에는 황제의 권위를 나타내는 용이 조각되어 있
어 창덕궁 인정전 천장의 봉황과 비교된다. 옥좌위에
만들어 얹은 닫집인 당가는 옥좌뒤에 오봉병, 곡병과
어울려 위엄을 나타내고 있다.

덕수궁 준명당
Chunmeongtang Hall

전면 6간, 측면 4간의 규모로 구성된 준명당은 고
종과 순종 당시 주로 외국 사신의 접견장소이기도 했
다. 중화전 뒤 즉조당 일곽과 인접해 있으며 전면 부
의 사분합문이 있어 특징을 이룬다.

덕수궁 중화전 동측면
The side of Chunghwacheon Hall

　　현재의 중화전은 처마의 곡선이 날카롭고 추녀의 앙
곡이 지나치게 강조된 점과 기단 강석을 앞으로 튀어
나오게 만든 점등에서 조선조 말기적 양식을 보이고
있다.

중화전 귀공포
The columns top ornamentations of Chunghwacheon Hall

외3출목, 내4출목의 다포계로 3제공, 1살미, 운두등
조밀한 구성을 보인다.

남행각에서 본 함녕전
보물 820호, 1905년 중건
Hamnyeongcheon Hall from the view of south corridors
Rebuilt in 1905 A.D. Treasure No. 820

황제의 침전으로서 정면 9칸, 측면 4칸인데 서쪽으로 2칸의 익랑이 있어 ㄴ자의 평면이 되었다. 외부로 토벽이 없이 교창과 정자살 띠살의 사분합문을 달았고 어칸과 좌우협칸은 앞퇴를 연 넓직한 대청이다. 함녕전의 중문인 광녕문은 함녕전 남쪽에 있있으나 현재는 중화문의 서남측에 있다.

동행랑에서 본 함녕전
Hamnyeongcheon Hall from the view of east corridors

화재전에는 정면 6칸, 측면 4칸이었으나 중건하면서 규모가 커졌다. 익공계 공포에 겹처마이고 팔작지붕에 양성을 하였다. 추녀마루에 병렬되어 있는 잡상은 침전에서는 보기 드문 예이다. 동쪽측면에 칸 밖으로 난간을 두른 쪽마루는 활주(活柱)로 하여 버티게 하였다.

중화전 내부
The interior of Chunghwacheon Hall

중화전의 옥좌와 당가, 옥좌뒤의 오봉병과 곡병이 어
우러져 왕의 위엄을 나타낸다.

덕홍전 내부
The interior of Teokheungcheon Hall

덕수궁 덕홍전
Teokheungcheon Hall in Teoksukung Palace

함녕전 서쪽에 있는 함녕전 일곽내 건물로 귀빈의 알
현소로 이용된 편전이다. 정면 3칸, 측면 4칸의 익공계
공포에 겹치마 이고 팔각지붕의 견각이디.

덕수궁 즉조당
Cheukchotang Hall in Teoksukung Palace

정면 7칸, 측면 4칸의 팔작지붕의 전각으로 서쪽의
준명당과 2칸 복도로 연결되어 있다. 중화전이 건립되
기전에 한때 정전으로 이용되었고 인조가 이곳에서 즉
위 하였다하여 즉조당이라는 명칭이 붙었다.

덕수궁 석어당
Seokeotang Hall in Teoksukung Palace

덕수궁내 유일한 목조로 된 중층 건물로 궁전건물 중 정전이외의 건물로는 특이한 전각이다. 왕이 거처한 전각이라하여 석어당이라 이름이 붙여졌다.

창경궁

문정전
Muncheongcheon Hall

평상시 왕이 정사를 살피던 편전으로 정면 3칸, 측면 3칸의 다포계, 팔작지붕 건물이다. 광해군때 재건될때 남향인 것을 정전과 같이 동향으로, 방주를 원주로 바꿔 격을 올리려는 의견이 있었으나 창건당시대로 건실되었다. 현재의 긴물은 1986년에 발굴 조사와 문헌고증을 거쳐 「조선고적도보」의 사진을 토대로 재건된 것이다.

문정전 내부
The interiors of Muncheongcheon Hall

문정전과 동월랑
Muncheongcheon Hall and east corridors

1986년 재건당시 동월랑과 문정문을 함께 재건하였
고 건물 서측에 경사진 지형을 이용하여 화계를 꾸몄다.

◀ 문정전 용상과 보개
The throne of Muncheongcheon Hall

창경궁 · 명정전

1616년 중건 · 국보 226

Myeongcheongcheon Hall in Changkyeongkung Palace

Rebuilt in 1616 A.D. National treasure No. 226

　창경궁의 정전으로 조선조 궁궐중 유일하게 동향을 하고 있다. 이중월대위 장대석 기단위에 정면5칸 측면3 칸의 단층건물로 통칸구조이다.

명정전 처마와 현판 ▼

The eaves and a tablet of Myeongcheongcheon Hall

명정전 기둥과 창호 ▶

The columns and windows and doors of Myeongcheongcheon

　기둥은 원형의 주좌가 있는 초석위에 원주를 세웠 다. 퇴칸의 창호 아랫부분에 전돌로 조적식 벽체를 꾸 민 것이 특이하다. 건물의 사면을 창호로 처리하였는 데 꽃살창호를 달고 그위에 창부에는 교살창을 달아 궁안의 건물중 가장 화려하다.

명정전 월대 전면계단
The stairs
of Myeongcheongcheon Hall

명정전의 어칸에 맞추어 상
하월대에 3구획 되었다. 소맷
돌에 해태가 조각 되어있고
중앙의 답도(踏道)는 현존하
는 최고(最古)의 석계다.

명정전과 월대
Myeongcheongcheon Hall and stairs

명정전의 월대는 이중월대이나 지형의 협소함으로
전면(동쪽)과 북쪽만을 중심으로 한 비대칭 구조이다.

◀ 명정전 정면
The front side of Myeongcheongcheon

기와지붕의 각마루는 양성바르기를 하였고 용마루
좌우 끝에는 취두, 내림마루 끝에는 용두, 추녀마루 끝
에는 잡상을 설치 하였고 사래끝에는 토수를 씌웠다.

명정전의 귀공포
The columns top ornamentations
of Myeongcheongcheon

창방, 평방, 뺄목이 +자형으로 교차하고 좌우에서
오는 3출목의 포작을 교차시켰다.

明政門
明政殿

명정문과 월랑
1616년 중건 보물 385호
Myeongcheongmun Gate and the corridors
Rebuilt in 1616 A.D. Treasure No. 385

명정문은 정면3칸, 측면2칸의 다포계, 단층 팔작지붕
의 조선중기 궁궐 중문의 대표적인 예이다. 월랑은 복랑
으로 초익공계 양식이다.

창경궁 홍화문
1616년 중건, 보물 384호
Honghwamun Gate in Changkyeongkung Palace
Rebuilt in 1616 A.D. Treasure No.384

창경궁의 정문으로 중층의 누문이다. 정면 3칸, 측
면 2칸의 다포계 양식이며 우진각지붕이다. 정전인
명정전과 같이 동향하고 있으며 홍화문좌우의 행각의
끝에 '궐(闕)'의 자취인 각루가 있다.

弘化門

홍화문 처마
The eaves of Honghwamun Gate

상·하층의 겹처마, 공포, 사래 끝의 이무기 모양의
토수가 조화를 이루고 있다.

홍화문의 귀공포
The columns top ornamentations of Honghwamun Gate

창팡, 평방, 뺄목이 +자형으로 교차하고 거기에 3각
모양의 이방(耳枋)을 놓고 3출목의 포작을 교차시켰다.

통명전 서측 지당
The pond on westside of Thongmyeongcheon Hall

지당은 장대석으로 방구(方區)를 짜올린 위에 낮게
석난간을 설치하였다. 당 안에는 대석위 석불안의 괴석
2기가 당주 처럼 설치되어 있다.

통명전과 지당
Thongmyeongcheon Hall and pond

통명전의 서측에 있는 지당은 뒤뜰 화계까지 이르는
남북 12.8m, 동서 5.2m의 장방형을 이룬다. 지당의 중
앙에는 남쪽으로 치우쳐서 통명전 월대에서 이어지는
지당석교가 가로 놓여 있다. 석난간은 법수, 동자석, 8
각의 돌란대, 하엽동자, 난간청판 등으로 치밀하고 아담
하게 구성되어 있다.

창경궁 통명전 동측면
The eastside of Thongmyeongcheon Hall

　팔작지붕이나 용마루가 없이 내림마루와 추녀마루만
있어 여기에 용두와 잡상을 설치 하였다.

창경궁 통명전
1834년 중건 보물 818호
Thongmyeongcheon Hall in Changkyeongkung Palace
Rebuilt 1834 A.D. Treasure No. 818

창경궁의 내전으로 단층의 월대와 1층의 석조기단 위
에 남향으로 서 있다. 정면7칸 측면 4칸의 용마루가 없
는 침전이다. 궁안의 내전건물 중 가장 크고 유일하게
월대가 있고 건물 서측에 지당(池塘)을 설치하였다.

창경궁 통명전의 어칸
The front side of Thongmyeongcheon Hall

전퇴가 개방되어 있는 3칸의 어칸이다. 전퇴는 육간
대청 규모로 주간이 넓어 상당히 넓게 느껴진다.

▲ 통명전의 귀공포와 처마
The eaves and the column top ornamentations of Thongmyeongcheon

창경궁 통명전 지붕
The roof of Thongmyeongcheon Hall

숫기와의 둥근 면이 규칙적인 사선의 반복으로 지붕
을 부드럽게 느끼게 하고 드문드문 자란 들꽃이 정겹다.

창경궁 통명전 추녀마루
The ridge of Thongmyeongcheon Hall

양성바르기를 한 추녀마루에 용두와 잡상을 설치하
였다. 팔작지붕에서 용두는 내림마루의 끝부분에, 추녀
마루에서는 잡상의 뒤쪽에 둔다.

통명전 지당 세부
Details of pond

지당석교의 남쪽부분에 있는 대석은 정교하게 조각
되어 있다. 대석은 무엇을 받들고 있었을까

화계에서 본 원형수로와 지당
The water way and the pond from the view of terraced garden

서측에서 본 통명전과 지당
Thongmyeongcheon Hall and pond from the view of westside

통명전 뒷뜰의 화계 ◀
Terraced fiower bed in the rear garden of Thongmyeongcheon Hall

산자락이 원래 높았던 통명전 뒤편을 정리하기 위해
3급의 화계를 쌓았다. 日人들이 1915년 장서각을 지으
면서 이 위로 2급을 가축하였던 것을 1992년 장서각을
철거하면서 현재와 같이 복원하였다.

통명전 후면 ▶
The backside of Thongmyeongcheon Hall

   명정문과 홍화문사이에 놓인 것으로 창덕궁의 금천교와 모습이 비슷하나 규모는 약간 작다. 난간은 법수사이의 구조를 일매석으로 하여 하엽 및 돌란대등을 조각하였다.

   창경궁은 태종이 거처하던 수강궁터로 성종이 수리하여 창경궁으로 창건한 이래 여러차례의 화재와 재건으로 이루어졌고 일제강점기에는 동물원, 식물원이 개설되고, 창경원으로 격하되고 파괴되었다. 현재의 모습은 1981년 '창경궁 복원 계획에 의해 1986년 까지 재건과 보수를 한것이다. 홍화문안 좌·우측의 행각과 명정전 주위 월랑 및 문정전과 동월랑등이 재건되었고 1992년에는 장서각이 철거되었으며 춘당지등 왜식으로 변형된 원유도 복구하였다.

함인정
1834년 재건
Hamincheong Pavilion
Rebuilt in 1834 A.D.

　3벌대의 장대석 기단위에 정면 3칸, 측면 2칸의 정자
건물로 이익공계 양식의 팔작지붕이다. 용마루에 설치
한 용두와 주간으로 보이는 환경전이 인상적이다.